Searching Calculation 60

計算力がぐっと上がる！ 頭の回転が速くなる！

もっと **コグトレ**

さがし算60
●上級●

児童精神科医・医学博士 宮口幸治

はじめに：保護者の方・先生方へ

◆さがし算とは？

　「さがし算」とは、コグトレに含まれるトレーニングの一部です。"コグトレ"とは、「認知○○トレーニング（Cognitive ○○ Training）」の略称で、○○には

　「ソーシャル（→社会面）Cognitive Social Training：COGST」

　「機能強化（→学習面）Cognitive Enhancement Training: COGET」

　「作業（→身体面）Cognitive Occupational Training: COGOT」

が入ります。子どもたちが学校や社会で困らないために3方面（社会面、学習面、身体面）から支援するための包括的プログラムです。「さがし算」は上記のCOGETにある数えるトレーニングの1つですが、単なる計算問題とは異なり、暗算が得意になる、計算スピードが速くなる、に加え、思考スピードが速くなる、短期記憶が向上する、計画力が向上するなど、さまざまな効果が期待される計算トレーニングです。

　通常の計算、例えば「3＋8＝？」といったものでは、計算が一方方向で解答も「11」と1つしかありません。しかし、さがし算では「足して11になる数字の組み合わせは？」といった具合に「11」になる組み合わせ（2と9、3と8、4と7、5と6）を格子状にならべた数字の中から探していきます。そのため常にいくつかの数字を頭に置きながら何パターンも計算し、それらがないか探していきます。

　格子を構成する数字（本書では3×3と4×4）が増えてきたり、答えとなる組み合わせが2つ以上（本書では1つ～3つ）になってきたりすると、かなり複雑になってきます。それらをうまく探せるためには、すばやく暗算する力、数字を記憶しながら計算していく力、効率よく探す力などが必要です。

　実際に体験されると気づかれると思いますが、さがし算は計算問題ではあるものの通常の一方方向の計算問題とは違った思考回路を使う必要があります。それらは素早い思考と、いかに効率よくかつ正確に計算できるかといった計画力に基づいており、より高度な勉強の基礎にも通じるところなのです。お子さまがさがし算を使われ、計算が得意になるだけでなく、早期教育、受験勉強などより高度な学習の土台作りにお役に立てることを願っております。

立命館大学
児童精神科医・医学博士　**宮口幸治**

もっとコグトレ
さがし算 上級 目次

はじめに：保護者の方・先生方へ……3

さがし算をはじめる前に 6

さがし算 とき方にチャレンジ！ 8

レベル1 ……12

ワンポイント❶ □に入れる数字は0からさがす？9からさがす？

| No.1 | No.2 | No.3 | No.4 | No.5 |
| No.6 | No.7 | No.8 | No.9 | No.10 |

レベル2 ……24

ワンポイント❷ □のまわりの数からもさがせる

| No.11 | No.12 | No.13 | No.14 | No.15 |
| No.16 | No.17 | No.18 | No.19 | No.20 |

レベル3 ……36

ワンポイント❸ □のまわりの2つの数字の合計から□の範囲を決めよう

| No.21 | No.22 | No.23 | No.24 | No.25 |
| No.26 | No.27 | No.28 | No.29 | No.30 |

レベル4 ……48

ワンポイント❹ □がマスの一番外側にある場合は、
3つ離れている数字はさがさなくていい

| No.31 | No.32 | No.33 | No.34 | No.35 |
| No.36 | No.37 | No.38 | No.39 | No.40 |

レベル5 ……60

ワンポイント❺ うまくさがす方法を組み合わせれば、
マス目が大きくても大丈夫

| No.41 | No.42 | No.43 | No.44 | No.45 |
| No.46 | No.47 | No.48 | No.49 | No.50 |

レベル6 ……72

ワンポイント❻ 難しい問題も、これまでのやり方を
組み合わせれば解ける！

| No.51 | No.52 | No.53 | No.54 | No.55 |
| No.56 | No.57 | No.58 | No.59 | No.60 |

チャレンジ問題A・B

● 答え……86

さがし算をはじめる前に

　さがし算・上級では、これまで初級・中級で学んださがし方を使って、さらに上のレベルにチャレンジしていきます。中級がまだの場合は、先に中級を済ませることをお勧めします。

　初級や中級では、2×2〜5×5のマス目に並んだ数字の配列の中から、足してある数字になる組み合わせをさがして○で囲む、という方法で練習してきました。

　ところが上級では、マス目に並んだ数字の中から1〜2個を下のように □ として、数字を隠します。そして足してある数字になる組み合わせが1つ〜3つになるような □ をさがすという方法で練習していきます。初級や中級と方法が異なり、より多くの計算と効率の良さが求められます。

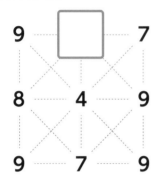 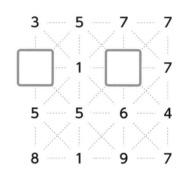

3×3の格子で答えの数を1つさがす例　　　4×4の格子で答えの数を2つさがす例
（3つ足して15になる数の組み合わせが1つ）　（3つ足して13になる数の組み合わせが2つ）

◆本書の構成と使い方

本書は以下のようなレベル構成になっています。

レベル1	3×3	足す組み合わせ：1つ	答え：1つ	（計38題）
レベル2	3×3	足す組み合わせ：2つ	答え：1つ	（計38題）
レベル3	3×3	足す組み合わせ：3つ	答え：1つ	（計38題）
レベル4	4×4	足す組み合わせ：1つ	答え：1つ	（計19題）
レベル5	4×4	足す組み合わせ：2つ	答え：1つ	（計19題）
レベル6	4×4	足す組み合わせ：1つ	答え：2つ	（計19題）
チャレンジ問題	4×4	足す組み合わせ：2つ	答え：2つ	（計2題）

合計173題

　概ね小学5〜6年生を対象にしていますが、それ以上の学年でも十分に取り組んでもらえます。小学5年生ではまずレベル1を中心に取り組み、慣れた後はレベル2以降にも取り組んでも

らいましょう。小学６年生以降は、本人のペースに合わせて取り組んで組んでもらいましょう。

　具体的なさがし方は、次項以降の「とき方にチャレンジ」に説明を、各レベルの最初にある「ワンポイント①〜⑥」には効率よく探すコツを紹介しています。

　本書の問題数は173題ですが、計算する全ての組み合わせを合計するとおよそ10万単位の計算量（中級の10倍以上）になります。もちろん全て計算する必要はなく、いかに効率よく素早く探すかも本書の目的の一つです。本書を一通り取り組めば、揺るぎない計算力、数的素養、計画力がつくよう作られています。

◆点数・タイム欄の使い方

　各問題の上には、これまでのベストタイムと毎回取り組む際に測るチャレンジタイムを書く欄があります。ベストタイムを参考に数秒でも早くできるよう、チャレンジタイムを設定しましょう。

　問題の下には、設定したチャレンジタイムへの感想に〇をつける欄があります。時間を測って記入させ、本人にとってどうだったか、「よかった」「わるかった」のいずれかに〇をつけてもらいましょう。

　時間がかかったのに「よかった」、早くできたのに「わるかった」に〇をつけた場合、その理由も聞いてみましょう。たとえば効率よく探すための工夫ができていないということもあるかもしれません。チャレンジタイムとの差について感想を聞いてみましょう。

　レベル１〜３の最初の問題は２題、レベル４〜６は１題としてあります。ここではさがし算の取り組み方をお子さんに説明してあげながら練習してもらうといいでしょう。

さがし算
とき方にチャレンジ！

　さがし算上級では、3つの数字を足してある数字になる組み合わせが○個になるように、空欄に入る数を探していきます。

　ただし、行き当たりばったりで探しても答えはいつまでも見つかりません。そこでここではうまくさがす方法をお伝えします。

▶ 3×3で、組み合わせが1つの場合　　レベル1

例題1

点線でつながれた、たて、よこ、ななめのとなりあった3つの数字を足すと15になる組み合わせが1つできるように、□に入る数をさがして書きましょう。

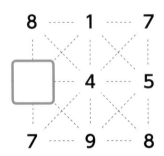

🔍 **さがす手順**

❶ まずは□を使わないで15になる組み合わせをさがします。
　さがしていくと、このような組み合わせが見つかりました。

❷ □を使わないで15になる組み合わせが見つかったので、□には、もうそれ以上15になる組み合わせができないような数字をさがすことになります。□に0～9まで順番に入れてさがしてみましょう。

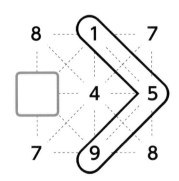

例題2

点線でつながれた、たて、よこ、ななめのとなりあった3つの数字を足すと15になる組み合わせが1つできるように、□に入る数をさがして書きましょう。

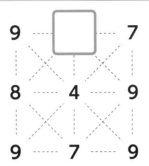

さがす手順

❶ まずは上と同じように、□を使わないで15になる組み合わせをさがします。
どうやら、見えている数字で、3つ足して15になる組み合わせはないようです。

❷ □を使わないで15になる組み合わせがなかったので、□に数字を入れて、そのたびに3つ足して15になる組み合わせをさがしていきます。さがす方法はさがし算・中級で学んだ通り、左上から時計回りに、順々に探していくようにしましょう。
例えば □ に0を入れてみると、左のように15になる組み合わせが見つかりました。しかし、これで終わりではありません！

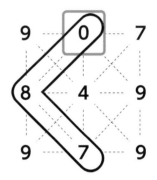

❸「組み合わせが1つできるように」とあるので、それ以外にも15になる組み合わせがないかを確かめます。
さがしてみると、左のような組み合わせも見つかりました。つまり □ に0をいれると、3つ足して15になる組み合わせが2パターンできてしまいます。ですので、答えは0ではないということになります。

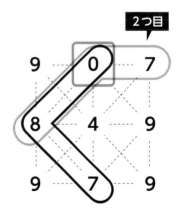

❹ 答えが0ではなかったので、今度は □ に1を入れてみて、15になる組み合わせをさがしていきます。このように0から順に9まで数字を入れていき、そしてその組み合わせが1つしかない数字をさがしていきましょう。

▶ 3×3で、組み合わせが2つの場合　レベル2

問題1
点線でつながれた、たて、よこ、ななめのとなりあった3つの数字を足すと13になる組み合わせが2つできるように、☐に入る数をさがして書きましょう。

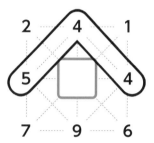

🔍 さがす手順

❶ レベル1と同じように、まずは☐を使わないで13になる組み合わせをさがします。下の例ではこのようなところに1つ見つかりました。

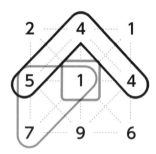

❷ もし☐を使わずにもう1つの組み合わせが見つかれば、2つの組み合わせがみつかったことになります。
その場合、☐の数字は、もうそれ以上13になる組み合わせができないような数字をさがすことになります。この問題では、13になる組み合わせは上の1つしかありませんでした。

❸ 次は☐を使った組み合わせが1つできるように、空欄に入る数をさがすことになります。そこで、☐に順に0～9まで入れて13になる数字をさがしていきます。
探していくと、☐に1を入れると、左のように13になる組み合わせが見つかりました。

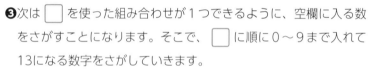

❹ これ以上13になる組み合わせが見つからなければ、☐に入る答えは1です。しかし、もし☐を使って13になる組み合わせが2つ以上見つかれば、その数字はまちがいになります。さがしたところ、これ以外の組み合わせは見つけられなかったので、答えは「1」で正しいようです。

まとめポイント

- 組み合わせが1つになる数字をさがす場合（レベル1）は、組み合わせが2つ以上にならないように気をつけましょう。
- 組み合わせが2つになる数字をさがす場合（レベル2）は、組み合わせが3つ以上にならないように気をつけましょう。
- レベルが「3」以上になると、マス目が大きくなったり、さがす数字の組み合わせが3つになったりします。それでも考え方は同じです。組み合わせの数が求める数以上にならないように、また、順序を追ってさがすように気を付けましょう。

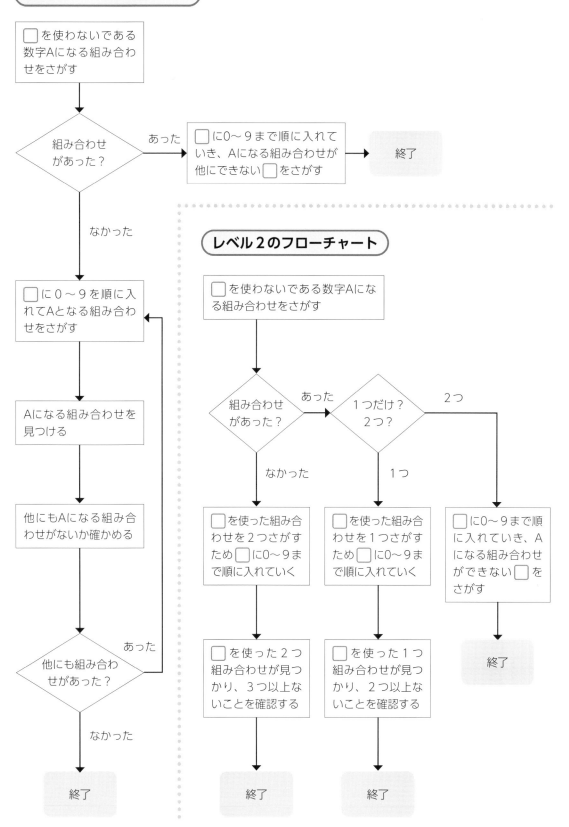

レベル1

No. 1～10

マス目の数 3×3

答え：1つ

かくれた数：1つ

計：38題

ワンポイント❶

□に入れる数字は0からさがす？ 9からさがす？

問題 点線でつながれた、たて、よこ、ななめのとなりあった3つの数字を足すと16になる組み合わせが1つできるように、□にはいる数をさがして書きましょう。

順番に考えてみよう。
□を使わないで16になる組み合わせは…みつからない。じゃあ、16になる組み合わせが1つできる数字をさがそう。じゃあ……

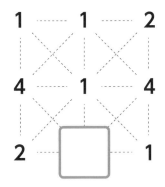

ちょっとまって、それでいいんだけど、さがす数は0から増やしていく？9から減らしていく？

0からと9から、どっちがいいのかな……

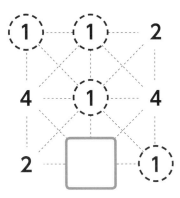

周りの数を見てみよう。2や4や1…3つ足して16になるには、数が少なくない？

ほんとだ！ だったら、□には大きな数が入ったほうが、3つ足して16になりそうだね。

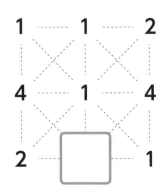

じゃあ、大きい方の9からさがしていこう。周りの数を見て、0からさがすか、9からさがすかきめるといいよ。

| ベストタイム | 分 秒 | チャレンジタイム | 分 秒 |

点線でつながれた、たて、よこ、ななめのとなりあった3つの数字を足すと**12**になる組み合わせが1つできるように、□に入る数をさがして書きましょう。

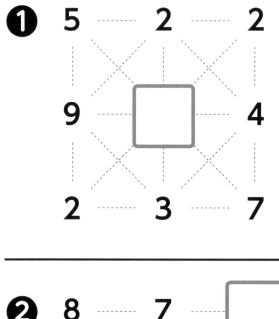

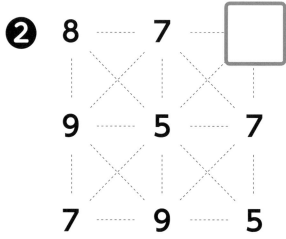

| 点数 | タイム | チャレンジタイムはよかったですか？ |
| 2点中 ___ 点 | 分 秒 | よかった　わるかった |

| ベストタイム | 分 秒 | チャレンジタイム | 分 秒 |

点線でつながれた、たて、よこ、ななめのとなりあった3つの数字を足すと**13**になる組み合わせが1つできるように、□に入る数をさがして書きましょう。

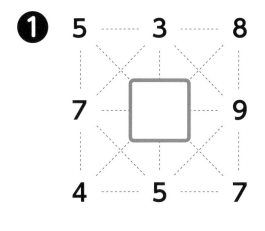
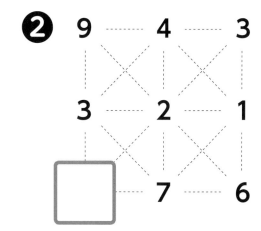
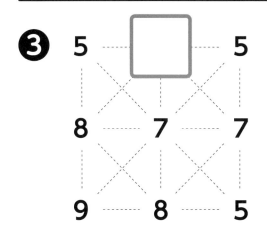
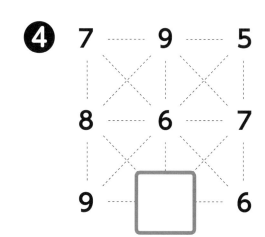

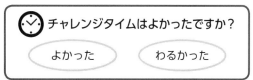

点線でつながれた、たて、よこ、ななめのとなりあった３つの数字を足すと**14**になる組み合わせが１つできるように、□に入る数をさがして書きましょう。

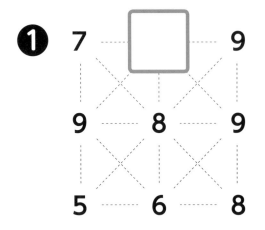

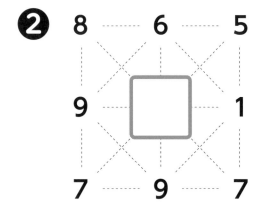

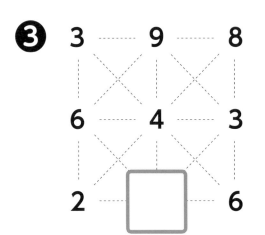

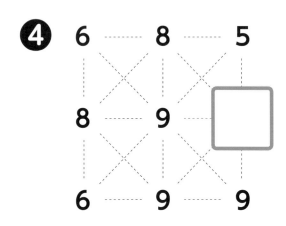

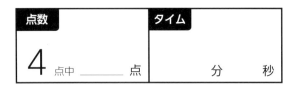

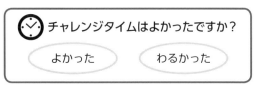

| ベストタイム | 分 秒 | チャレンジタイム | 分 秒 |

点線でつながれた、たて、よこ、ななめのとなりあった３つの数字を足すと**14**になる組み合わせが１つできるように、□に入る数をさがして書きましょう。

❶
```
9 - 9 - 2
8 - 6 - 7
1 - 4 - □
```

❷
```
6 - 5 - 6
4 - □ - 9
6 - 7 - 9
```

❸
```
2 - 5 - 7
4 - □ - 6
6 - 9 - 8
```

❹
```
7 - 9 - 8
□ - 8 - 9
9 - 6 - 7
```

| 点数 4点中 ___ 点 | タイム 分 秒 |

チャレンジタイムはよかったですか？ よかった わるかった

点線でつながれた、たて、よこ、ななめのとなりあった3つの数字を足すと**15**になる組み合わせが1つできるように、□に入る数をさがして書きましょう。

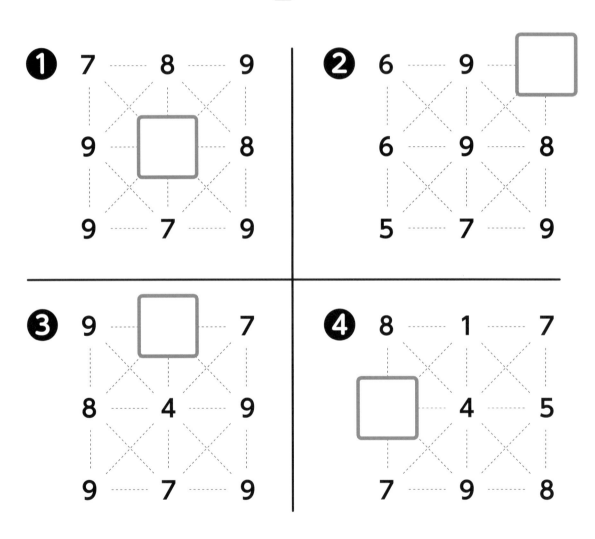

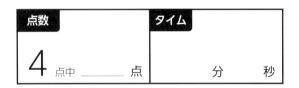

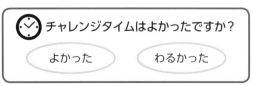

| ベストタイム | 分 秒 | チャレンジタイム | 分 秒 |

点線でつながれた、たて、よこ、ななめのとなりあった３つの数字を足すと**15**になる組み合わせが１つできるように、□に入る数をさがして書きましょう。

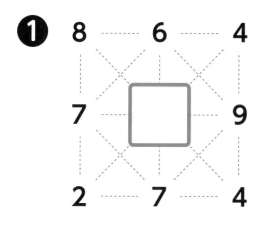

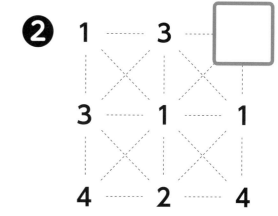

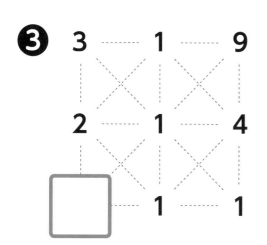

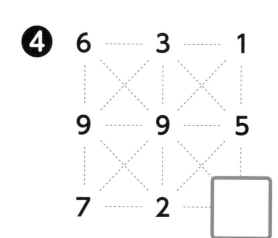

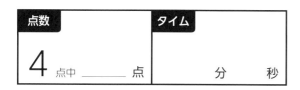

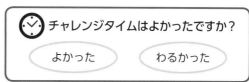

| ベストタイム　　分　　秒 | チャレンジタイム　　分　　秒 |

点線でつながれた、たて、よこ、ななめのとなりあった３つの数字を足すと**15**になる組み合わせが１つできるように、□に入る数をさがして書きましょう。

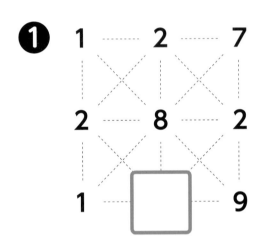

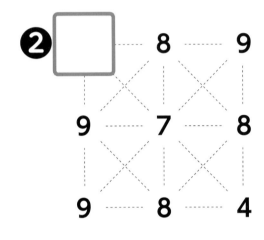

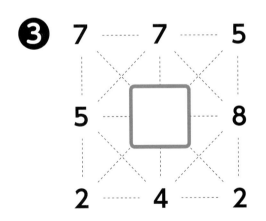

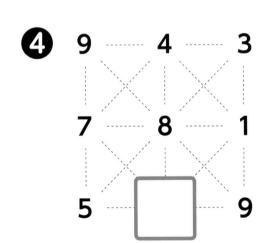

| 点数　4点中＿＿点 | タイム　　分　　秒 |

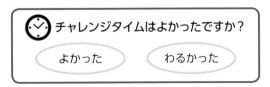

| ベストタイム | 分 秒 | チャレンジタイム | 分 秒 |

点線でつながれた、たて、よこ、ななめのとなりあった3つの数字を足すと**16**になる組み合わせが1つできるように、□に入る数をさがして書きましょう。

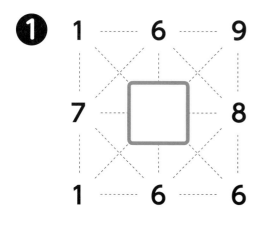
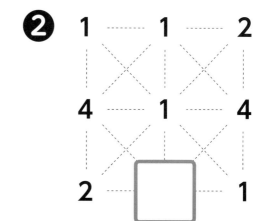
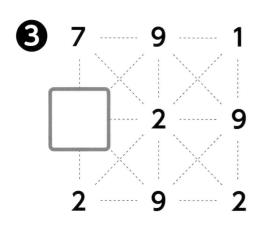
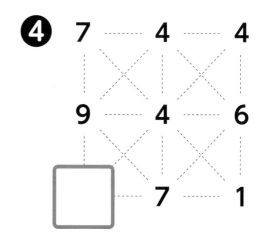

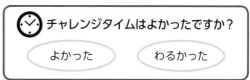

| ベストタイム | 分 秒 | チャレンジタイム | 分 秒 |

点線でつながれた、たて、よこ、ななめのとなりあった３つの数字を足すと**16**になる組み合わせが１つできるように、□に入る数をさがして書きましょう。

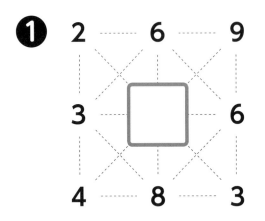

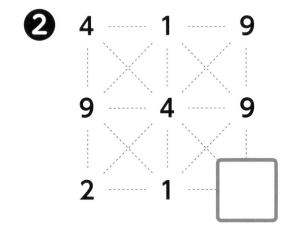

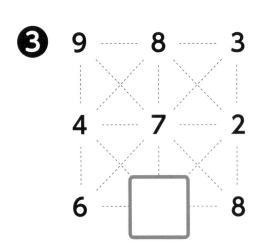

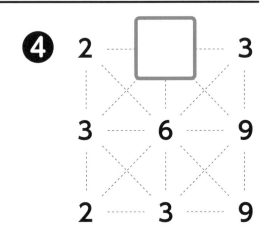

| 点数 4点中 ___ 点 | タイム 分 秒 |

チャレンジタイムはよかったですか？
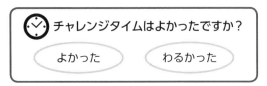

レベル 1　No. 10

点線でつながれた、たて、よこ、ななめのとなりあった３つの数字を足すと**17**になる組み合わせが１つできるように、□に入る数をさがして書きましょう。

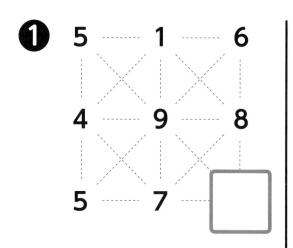

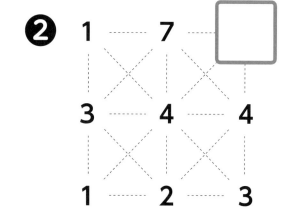

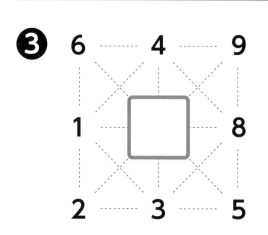

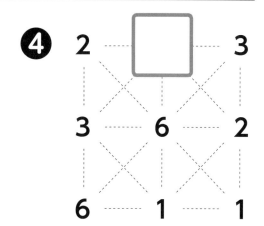

レベル2

No.11〜20

マス目の数3×3 　　答え：2つ

　　　　　　　　　かくれた数：1つ

　　　　　　　　　計：38題

ワンポイント❷

☐のまわりの数からもさがせる

問題 点線でつながれた、たて、よこ、ななめのとなりあった3つの数字を足すと15になる組み合わせが2つできるように、☐にはいる数をさがして書きましょう。

まず☐を使わない組み合わせ…ないなあ。じゃあ、☐に入る数字をいれた組み合わせをさがそう。

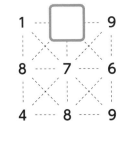

ちょっとまって。基本はそうだけど、こんな方法もあるよ。
まず左上から2つずつ数字を選んでいくよ。1と8の組み合わせに☐を足して15になる数は…「6」。とりあえず、6を☐の上に書いておく。

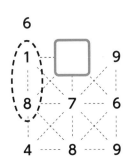
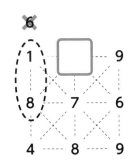

次に、☐が6だと仮定して、他に15になる組み合わせがないかさがそう。……この1つしか組み合わせはないみたい。2つ組み合わせがないといけないから、6じゃない、ということはわかった。なので、6に×をつける。

なるほど、周りの数字の組み合わせからさがすんだね。次は…左の1と7の組み合わせでみてみよう。この組み合わせだと、☐に入る数字は「7」だね。でも、7を入れても組み合わせは1つしかなかった。これも×。

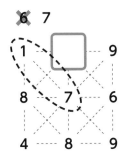
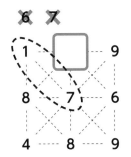

うまいさがし方はいろいろあるよ。工夫してみると、早く見つけられそうだよ。

点線でつながれた、たて、よこ、ななめのとなりあった3つの数字を足すと**12**になる組み合わせが2つできるように、□に入る数をさがして書きましょう。

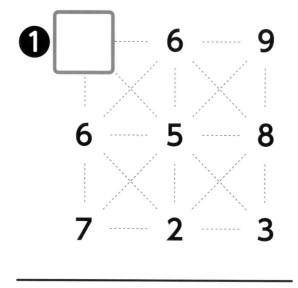

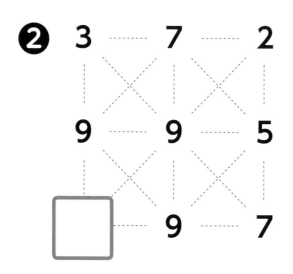

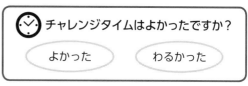

ベストタイム	分 秒	チャレンジタイム	分 秒

点線でつながれた、たて、よこ、ななめのとなりあった3つの数字を足すと**13**になる組み合わせが2つできるように、□に入る数をさがして書きましょう。

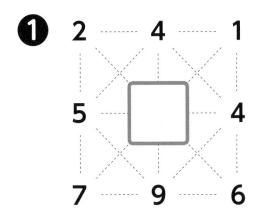

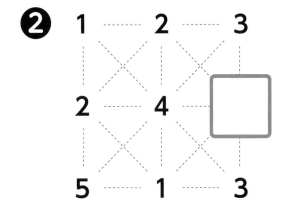

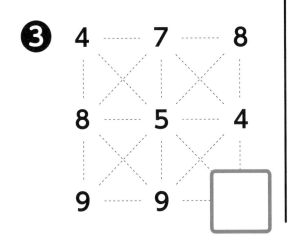

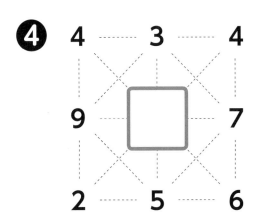

点数	タイム	
4点中 ___ 点	分 秒	チャレンジタイムはよかったですか？ よかった / わるかった

点線でつながれた、たて、よこ、ななめのとなりあった３つの数字を足すと**14**になる組み合わせが２つできるように、□に入る数をさがして書きましょう。

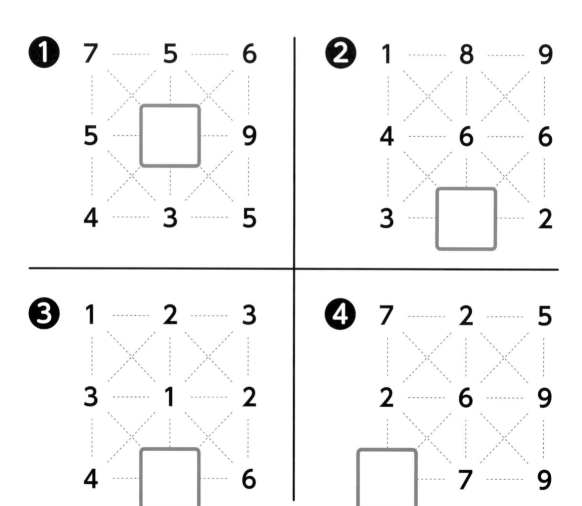

| ベストタイム | 分 秒 | チャレンジタイム | 分 秒 |

点線でつながれた、たて、よこ、ななめのとなりあった3つの数字を足すと**14**になる組み合わせが2つできるように、□に入る数をさがして書きましょう。

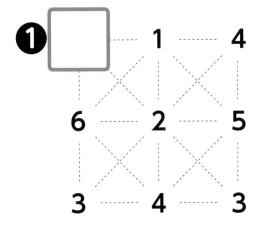

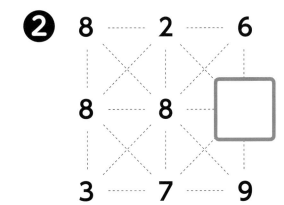

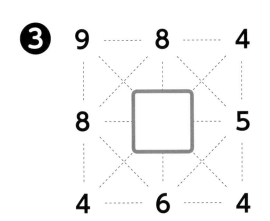

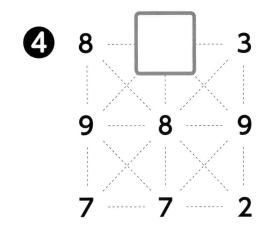

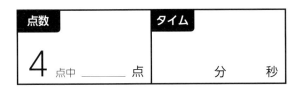

点線でつながれた、たて、よこ、ななめのとなりあった3つの数字を足すと**15**になる組み合わせが2つできるように、□に入る数をさがして書きましょう。

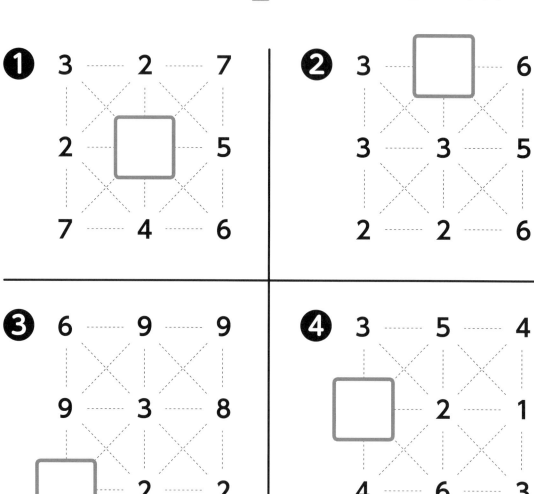

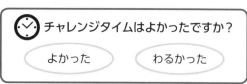

| ベストタイム | 分 秒 | チャレンジタイム | 分 秒 |

点線でつながれた、たて、よこ、ななめのとなりあった3つの数字を足すと**15**になる組み合わせが2つできるように、□に入る数をさがして書きましょう。

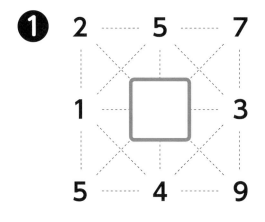

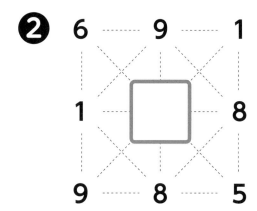

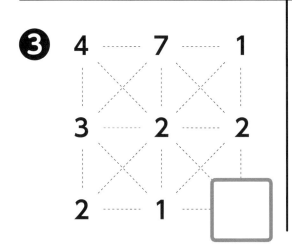

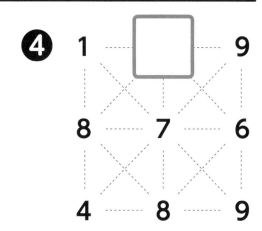

点線でつながれた、たて、よこ、ななめのとなりあった3つの数字を足すと**15**になる組み合わせが2つできるように、□に入る数をさがして書きましょう。

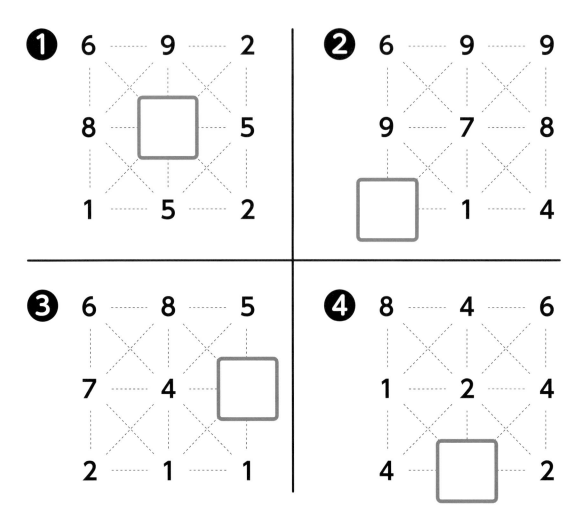

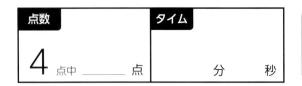

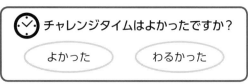

| ベストタイム | 分 秒 | チャレンジタイム | 分 秒 |

点線でつながれた、たて、よこ、ななめのとなりあった3つの数字を足すと**16**になる組み合わせが2つできるように、□ に入る数をさがして書きましょう。

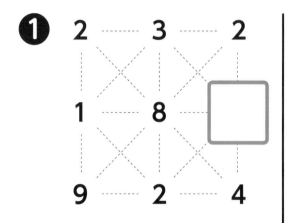

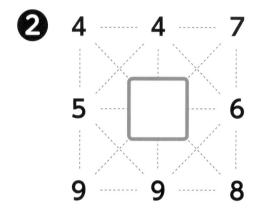

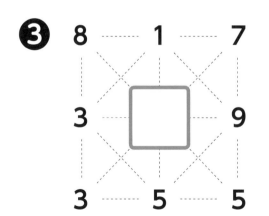

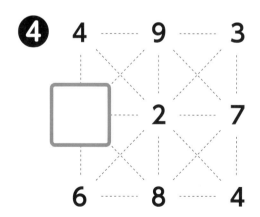

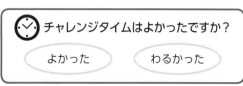

点線でつながれた、たて、よこ、ななめのとなりあった3つの数字を足すと**16**になる組み合わせが2つできるように、□に入る数をさがして書きましょう。

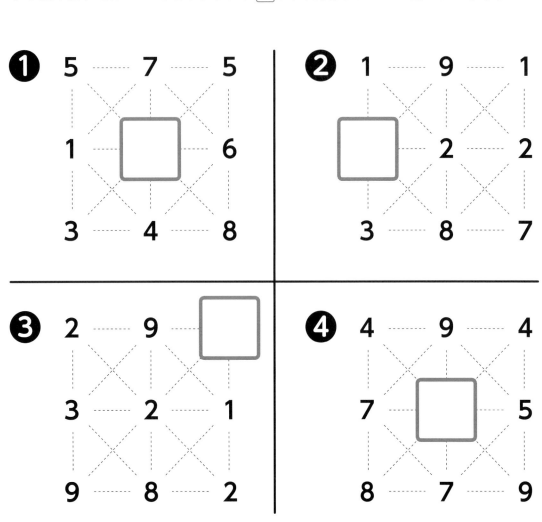

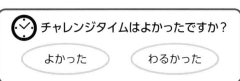

点線でつながれた、たて、よこ、ななめのとなりあった3つの数字を足すと**17**になる組み合わせが2つできるように、□ に入る数をさがして書きましょう。

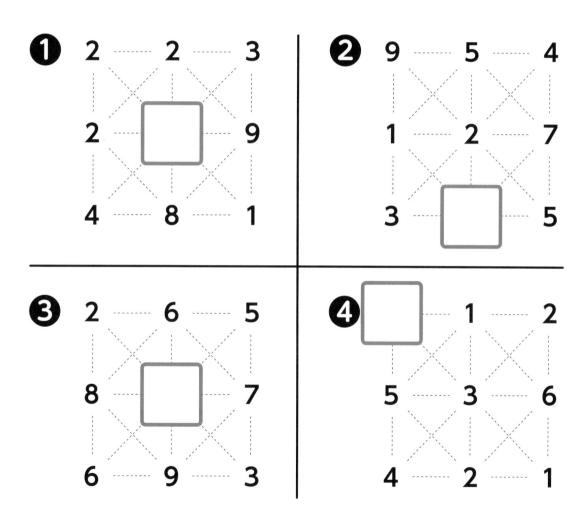

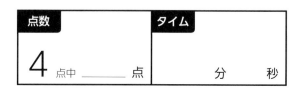

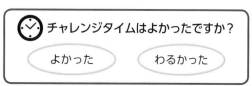

レベル3

No.21〜30

マス目の数 3×3 　答え：3つ

　　　　　　　　　かくれた数：1つ

　　　　　　　　　計：38題

ワンポイント❸

□のまわりの２つの数字の合計から □ の範囲を決めよう

問題 点線でつながれた、たて、よこ、ななめのとなりあった３つの数字を足すと13になる組み合わせが３つできるように、□にはいる数をさがして書きましょう。

まずは□をつかわないでさがせるか…１つあったね。だから、□を入れてあと２つの、３つ足して13になる数をさがせばいい。

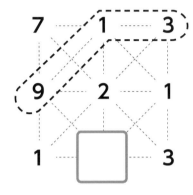

ここでは、レベルが１つ上のさがし方を紹介するね。３つ足して13になるけど、□には０〜９の数が入る。だから、□以外の２つを足すと、４〜13になるはずだよね。

□が０だったらそれ以外の合計が13、９だったらそれ以外の合計が４になるね。

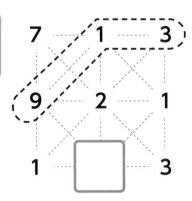

そうしたら、その中で一番大きい数と、小さい数がどうなるか、周りの数を見ればわかるよ。

４以上で一番小さいのは、まわりの１と３を足した４（□は９）、13以下で一番大きいのは、まわりの９と２を足した11（□は２）だ。

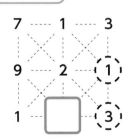

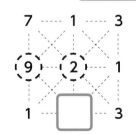

だったら、□は０〜９じゃなくて、２〜９の中でさがせばいい。さがす範囲が小さくなるから、早く見つけられるよ。

点線でつながれた、たて、よこ、ななめのとなりあった3つの数字を足すと**12**になる組み合わせが3つできるように、□ に入る数をさがして書きましょう。

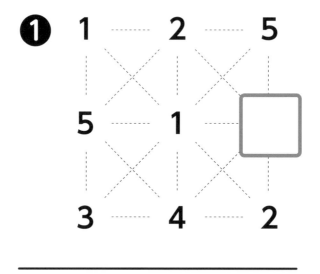

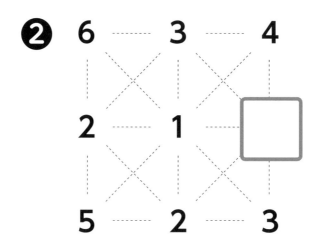

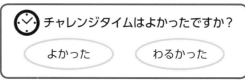

| ベストタイム | 分 秒 | チャレンジタイム | 分 秒 |

点線でつながれた、たて、よこ、ななめのとなりあった３つの数字を足すと**13**になる組み合わせが３つできるように、□に入る数をさがして書きましょう。

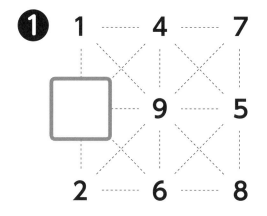

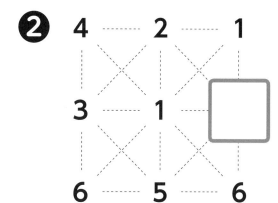

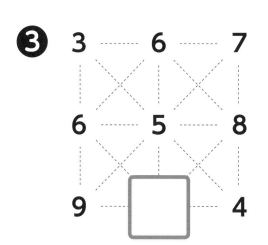

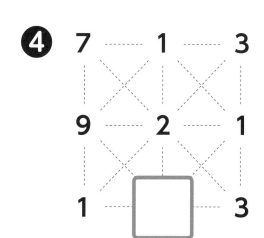

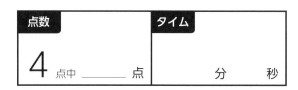

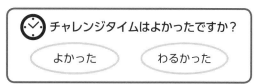

| ベストタイム | 分 秒 | | チャレンジタイム | 分 秒 |

点線でつながれた、たて、よこ、ななめのとなりあった3つの数字を足すと**14**になる組み合わせが3つできるように、□に入る数をさがして書きましょう。

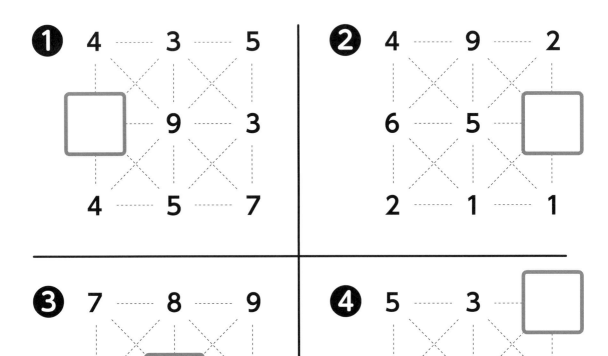

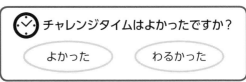

| ベストタイム | 分 秒 | チャレンジタイム | 分 秒 |

点線でつながれた、たて、よこ、ななめのとなりあった３つの数字を足すと**14**になる組み合わせが３つできるように、□に入る数をさがして書きましょう。

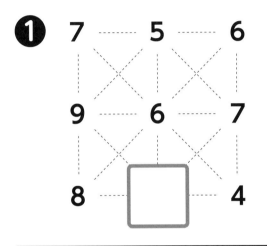

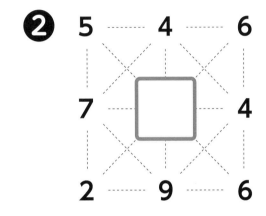

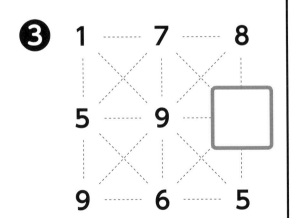

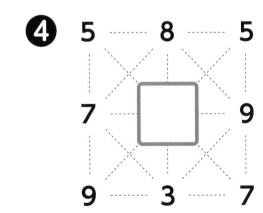

| 点数 4点中 ___ 点 | タイム 分 秒 |

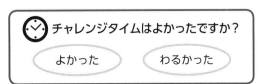

| ベストタイム | 分 秒 | チャレンジタイム | 分 秒 |

点線でつながれた、たて、よこ、ななめのとなりあった３つの数字を足すと**15**になる組み合わせが３つできるように、□に入る数をさがして書きましょう。

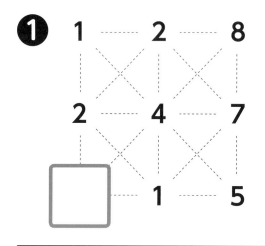

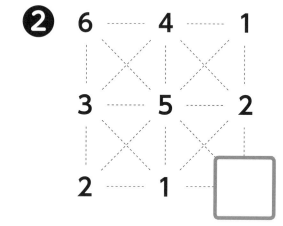

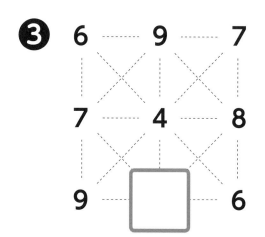

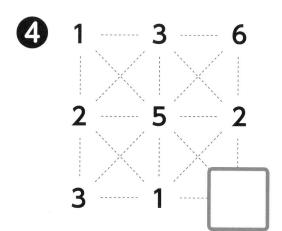

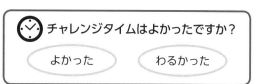

点線でつながれた、たて、よこ、ななめのとなりあった３つの数字を足すと**15**になる組み合わせが３つできるように、□に入る数をさがして書きましょう。

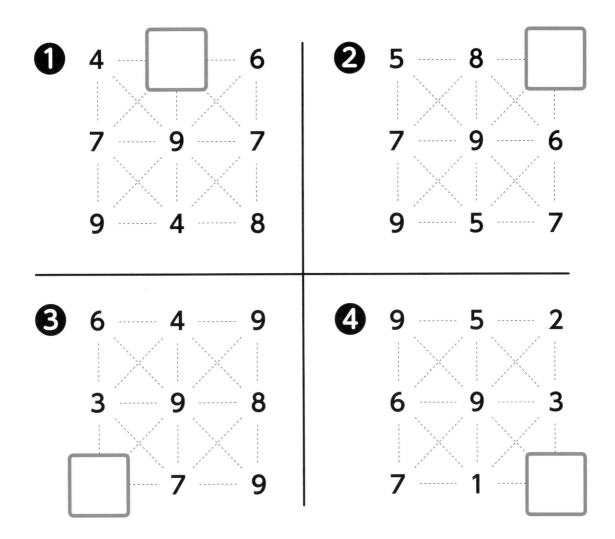

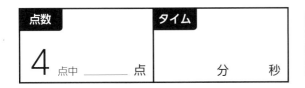

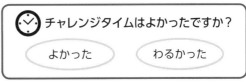

レベル 3 No. 27

ベストタイム　　　分　　　秒
チャレンジタイム　　　分　　　秒

点線でつながれた、たて、よこ、ななめのとなりあった3つの数字を足すと**15**になる組み合わせが3つできるように、□に入る数をさがして書きましょう。

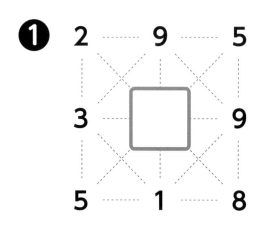
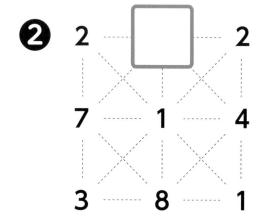
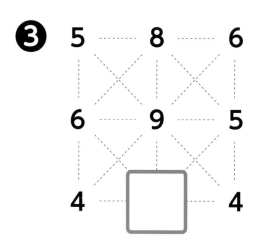
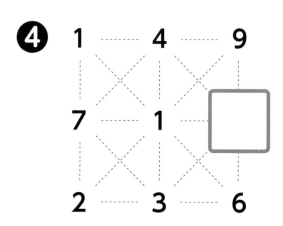

点数　4点中　　　点　　タイム　　　分　　　秒

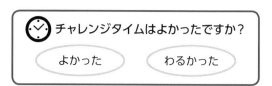

| ベストタイム | 分 秒 | チャレンジタイム | 分 秒 |

点線でつながれた、たて、よこ、ななめのとなりあった3つの数字を足すと**16**になる組み合わせが3つできるように、□に入る数をさがして書きましょう。

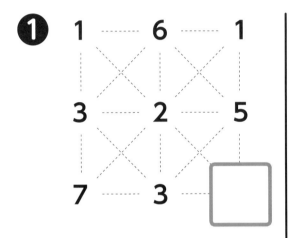

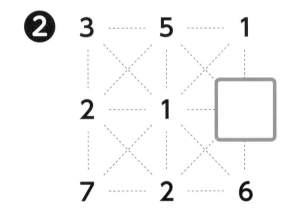

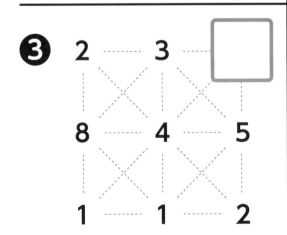

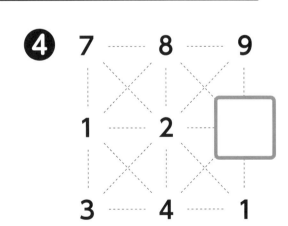

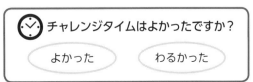

レベル 3　No. 29

ベストタイム　　分　　秒　　　**チャレンジタイム**　　分　　秒

点線でつながれた、たて、よこ、ななめのとなりあった３つの数字を足すと**16**になる組み合わせが３つできるように、□に入る数をさがして書きましょう。

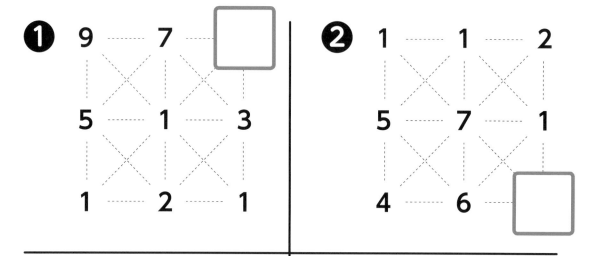

❶
```
9 --- 7 --- □
5 --- 1 --- 3
1 --- 2 --- 1
```

❷
```
1 --- 1 --- 2
5 --- 7 --- 1
4 --- 6 --- □
```

❸
```
1 --- □ --- 2
2 --- 5 --- 7
3 --- 1 --- 4
```

❹
```
2 --- 1 --- 5
1 --- 3 --- 4
7 --- □ --- 4
```

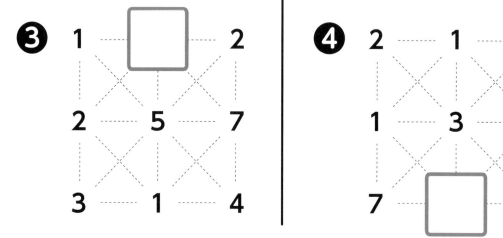

点数　4点中　　点　　タイム　　分　　秒

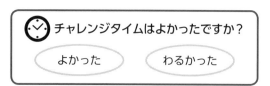

チャレンジタイムはよかったですか？　よかった　わるかった

| ベストタイム | 分 秒 | チャレンジタイム | 分 秒 |

点線でつながれた、たて、よこ、ななめのとなりあった３つの数字を足すと**17**になる組み合わせが３つできるように、□に入る数をさがして書きましょう。

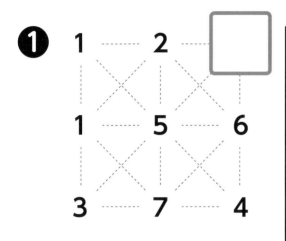

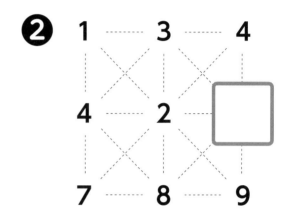

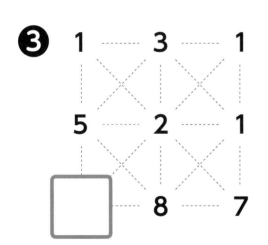

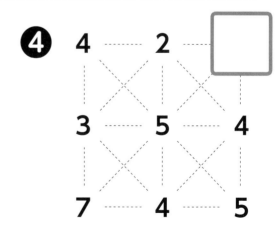

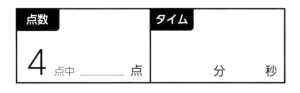

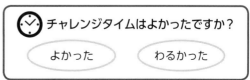

レベル4

No.31〜40

マス目の数 4×4　　答え　1つ

　　　　　　　　　　かくれた数：1つ

　　　　　　　　　　計：19題

ワンポイント❹

□がマスの一番外側にある場合は、
３つ離れている数字はさがさなくていい

問題 点線でつながれた、たて、よこ、ななめのとなりあった３つの数字を足すと13になる組み合わせが1つできるように、□にはいる数をさがして書きましょう。

レベル4からは、マス目がたて、よこ４×４になるんだ。難しそう……

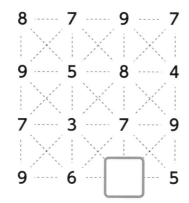

難しいけど、同じように□を使わない組み合わせがあるかまず調べる、という手順は同じ。1つひとつやっていこう。

□を使わない組み合わせはなかったから、□を入れた組み合わせを探していこう。あれ、一番上の列からだと、３つ以上離れているから、□と組み合わせをつくれないね。

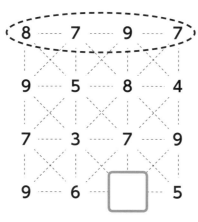

そう、４×４になると、一番外側に□がある場合には□と組み合わせをつくれないものがでてくる。それは□との組み合わせをさがさなくて大丈夫。

別の問題をみてみよう。これは□が端っこにあるから、囲んだ部分は□を含めた組み合わせをつくれないみたい。

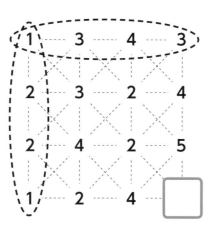

だったら、□を入れた組み合わせは、３×３とおなじだから楽だね。□の場所によって、どうさがすか考えるといいね。

点線でつながれた、たて、よこ、ななめのとなりあった3つの数字を足すと**12**になる組み合わせが1できるように、□に入る数をさがして書きましょう。

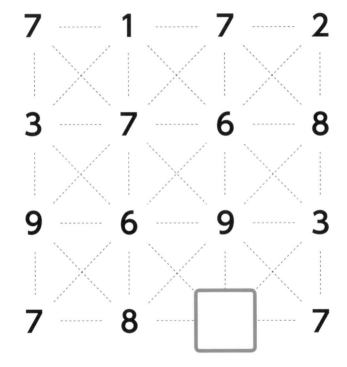

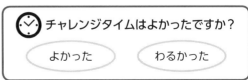

| ベストタイム | 分 秒 | チャレンジタイム | 分 秒 |

点線でつながれた、たて、よこ、ななめのとなりあった3つの数字を足すと**13**になる組み合わせが1つできるように、□に入る数をさがして書きましょう。

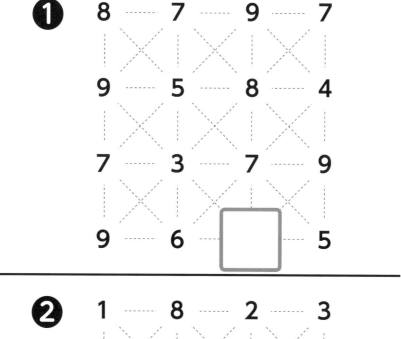

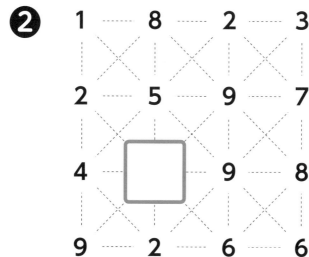

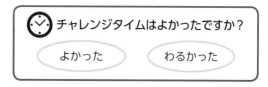

レベル **4**　No. **33**

（　　）年（　　）組（　　）番

名前（　　　　　　　　　　　　　）

ベストタイム　　　　　分　　　秒　　　チャレンジタイム　　　　　分　　　秒

点線でつながれた、たて、よこ、ななめのとなりあった3つの数字を足すと**14**になる組み合わせが1つできるように、□に入る数をさがして書きましょう。

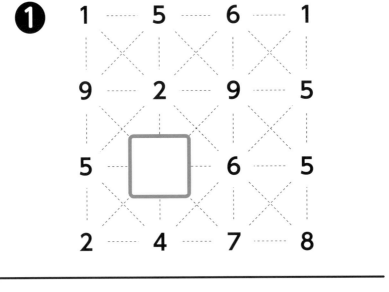

❶
```
1 — 5 — 6 — 1
9 — 2 — 9 — 5
5 — □ — 6 — 5
2 — 4 — 7 — 8
```

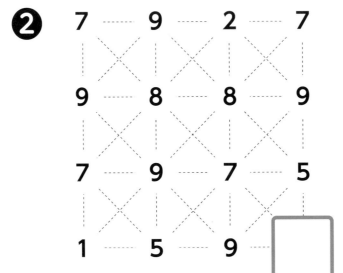

❷
```
7 — 9 — 2 — 7
9 — 8 — 8 — 9
7 — 9 — 7 — 5
1 — 5 — 9 — □
```

点数　2点中　　　点　　　タイム　　　分　　　秒

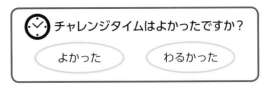

チャレンジタイムはよかったですか？
よかった　　わるかった

| ベストタイム | 分 秒 | | チャレンジタイム | 分 秒 |

点線でつながれた、たて、よこ、ななめのとなりあった３つの数字を足すと**14**になる組み合わせが１つできるように、□に入る数をさがして書きましょう。

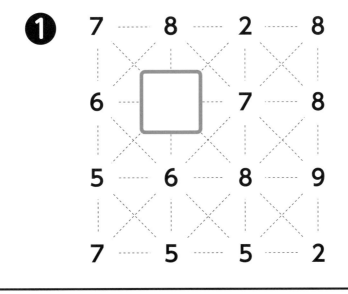

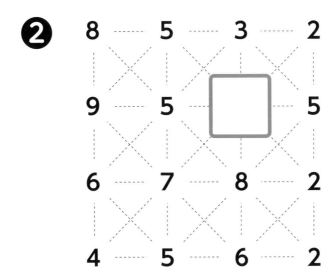

| 点数 2点中 ___ 点 | タイム 分 秒 |

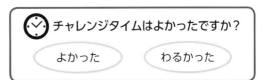

点線でつながれた、たて、よこ、ななめのとなりあった3つの数字を足すと**15**になる組み合わせが1つできるように、□に入る数をさがして書きましょう。

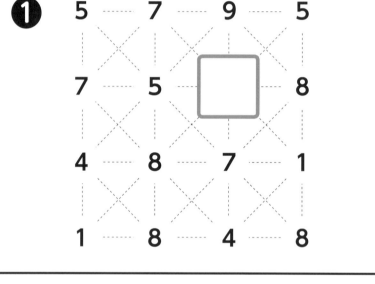

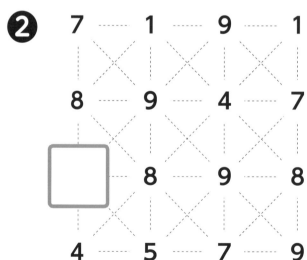

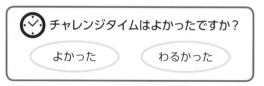

レベル 4　No. 36

(　　　)年 (　　　)組 (　　　)番
名前(　　　　　　　　　　　　　)

ベストタイム　　　分　　　秒　　　チャレンジタイム　　　分　　　秒

点線でつながれた、たて、よこ、ななめのとなりあった3つの数字を足すと**15**になる組み合わせが1つできるように、□ に入る数をさがして書きましょう。

❶
```
7 --- 1 --- 2 --- 6
2 --- 1 --- □ --- 4
2 --- 4 --- 8 --- 1
7 --- 2 --- 5 --- 4
```

❷
```
3 --- 8 --- 3 --- 7
8 --- 5 --- 6 --- 3
9 --- 9 --- □ --- 3
2 --- 7 --- 8 --- 5
```

点数 2点中　　　点　　タイム　　　分　　　秒

チャレンジタイムはよかったですか？　よかった　わるかった

| ベストタイム | 分 秒 | チャレンジタイム | 分 秒 |

点線でつながれた、たて、よこ、ななめのとなりあった3つの数字を足すと**15**になる組み合わせが1つできるように、□に入る数をさがして書きましょう。

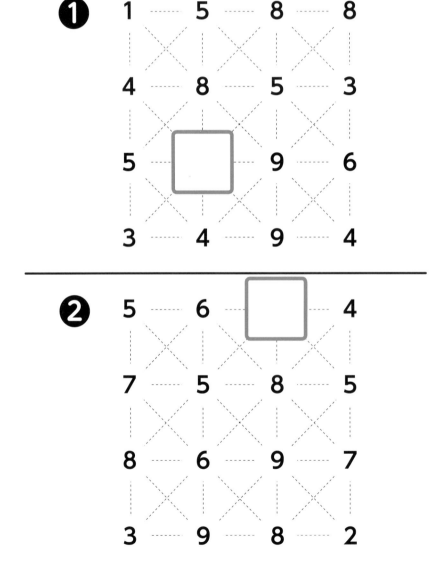

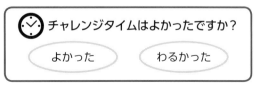

| ベストタイム | 分 秒 | | チャレンジタイム | 分 秒 |

点線でつながれた、たて、よこ、ななめのとなりあった3つの数字を足すと**16**になる組み合わせが1つできるように、□に入る数をさがして書きましょう。

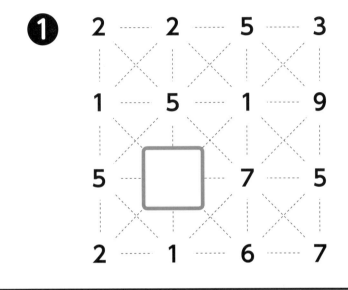

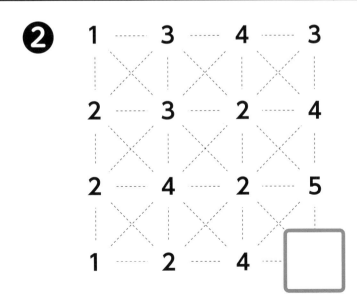

| 点数 2点中 ___ 点 | タイム 分 秒 |

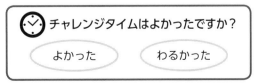

レベル **4** No. **39**

( )年 ( )組 ( )番
名前( )

ベストタイム　　　　分　　　秒　　　チャレンジタイム　　　　分　　　秒

点線でつながれた、たて、よこ、ななめのとなりあった3つの数字を足すと**16**になる組み合わせが1つできるように、□に入る数をさがして書きましょう。

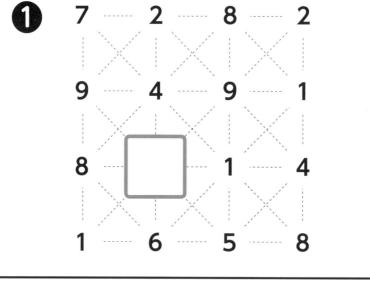

❶
```
7   2   8   2
9   4   9   1
8   □   1   4
1   6   5   8
```

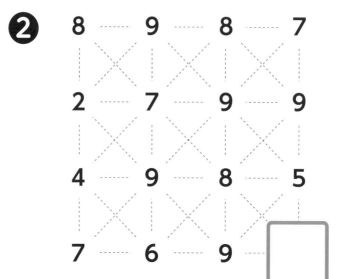

❷
```
8   9   8   7
2   7   9   9
4   9   8   5
7   6   9   □
```

点数　2点中____点　　タイム　　　分　　秒

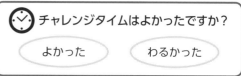

チャレンジタイムはよかったですか？
よかった　　わるかった

点線でつながれた、たて、よこ、ななめのとなりあった３つの数字を足すと**17**になる組み合わせが１つできるように、□ に入る数をさがして書きましょう。

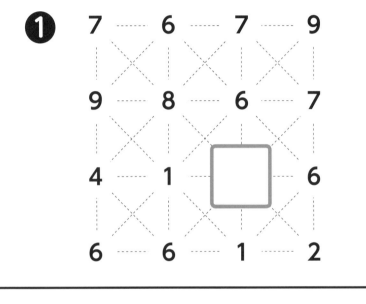

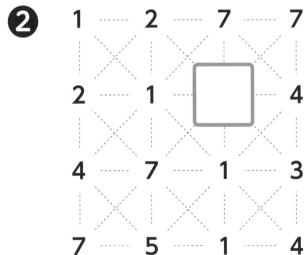

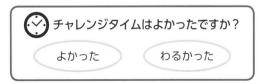

レベル 5

No.41〜50

マス目の数 4×4

答え：2つ

かくれた数：1つ

計：19題

ワンポイント❺

うまくさがす方法を組み合わせれば、マス目が大きくても大丈夫

問題 点線でつながれた、たて、よこ、ななめのとなりあった3つの数字を足すと15になる組み合わせが2つできるように、□にはいる数をさがして書きましょう。

まず□を使わずさがしてみるね。1つだけあったから、□をつかって15になる組み合わせが1つだけできるような数をさがせばいいね。

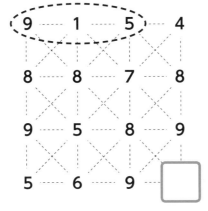

残った3×3のなかで、組み合わせを1つ見つければいいんだから、レベル①と同じなんだ！

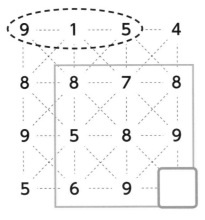

□の場所を見てみて！49頁のワンポイント④の通り、□から3つ離れている数字はさがさなくていいから、下の3×3の四角の中だけでいいね。そう考えてみると…

さらにもう1つ！37頁のワンポイント③を使ってみよう。□は0～9だから、あとの2つの数字の合計は6～15になるけど……

まわりの数を見てみよう。大きい数が多くて、一番小さい組み合わせは5と8=13。「足して15」だから、□に入る数は大きくても2、つまり0～2ってことになる！

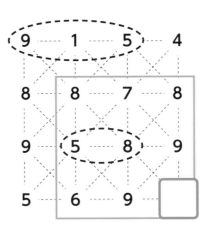

3つしかなければ、さがすのは簡単になるね。こんなふうに、さがし方を組み合わせれば楽になるよ！

点線でつながれた、たて、よこ、ななめのとなりあった3つの数字を足すと**12**になる組み合わせが2つできるように、☐に入る数をさがして書きましょう。

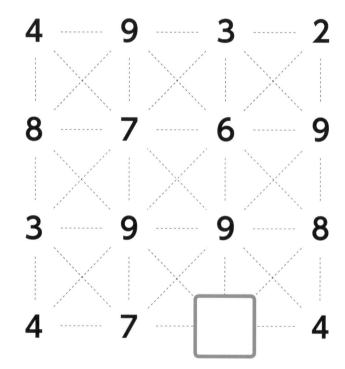

| ベストタイム | 分 秒 | チャレンジタイム | 分 秒 |

点線でつながれた、たて、よこ、ななめのとなりあった３つの数字を足すと**13**になる組み合わせが２つできるように、□に入る数をさがして書きましょう。

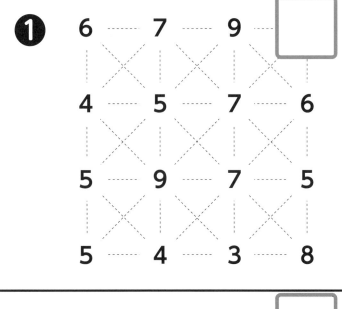

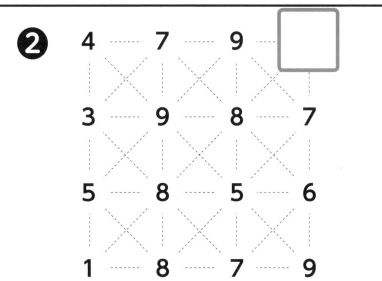

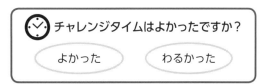

| ベストタイム | 分 秒 | チャレンジタイム | 分 秒 |

点線でつながれた、たて、よこ、ななめのとなりあった３つの数字を足すと**14**になる組み合わせが２つできるように、□に入る数をさがして書きましょう。

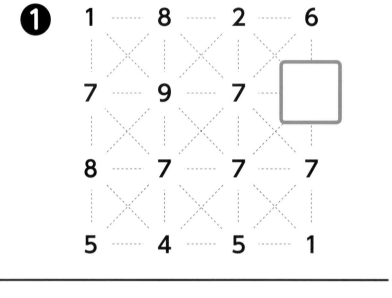

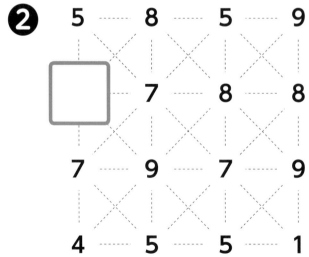

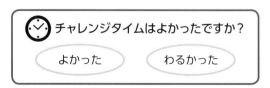

点線でつながれた、たて、よこ、ななめのとなりあった3つの数字を足すと**14**になる組み合わせが2つできるように、□に入る数をさがして書きましょう。

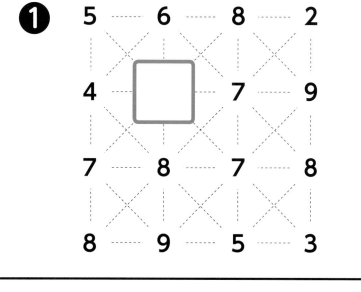

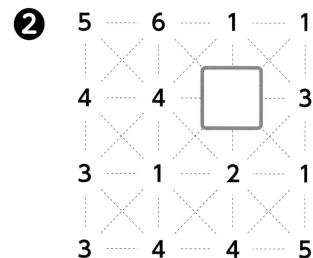

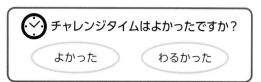

レベル5 No.45

点線でつながれた、たて、よこ、ななめのとなりあった3つの数字を足すと**15**になる組み合わせが2つできるように、□に入る数をさがして書きましょう。

❶
```
4 — 2 — 8 — 9
2 — 1 — 2 — 3
3 — 5 — [7] — 1
2 — 5 — 4 — 5
```

❷
```
9 — 1 — 5 — 4
8 — 8 — 7 — 8
9 — 5 — 8 — 9
5 — 6 — 9 — [0]
```

| ベストタイム | 分 秒 | チャレンジタイム | 分 秒 |

点線でつながれた、たて、よこ、ななめのとなりあった３つの数字を足すと**15**になる組み合わせが２つできるように、□に入る数をさがして書きましょう。

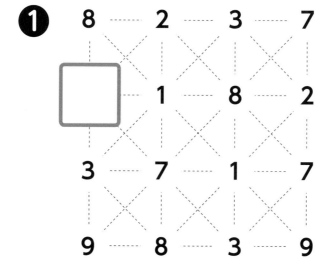

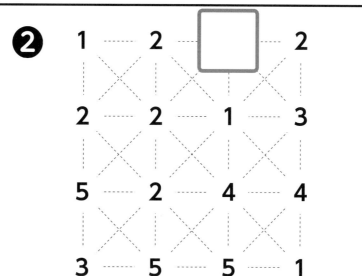

点数	タイム
２点中 ___ 点	分 秒

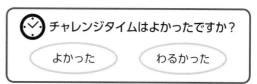

点線でつながれた、たて、よこ、ななめのとなりあった３つの数字を足すと**15**になる組み合わせが２つできるように、□に入る数をさがして書きましょう。

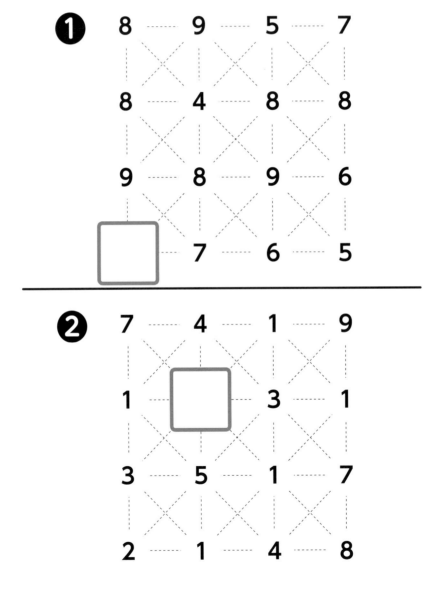

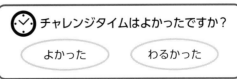

| ベストタイム | 分 秒 | チャレンジタイム | 分 秒 |

点線でつながれた、たて、よこ、ななめのとなりあった3つの数字を足すと**16**になる組み合わせが2つできるように、□に入る数をさがして書きましょう。

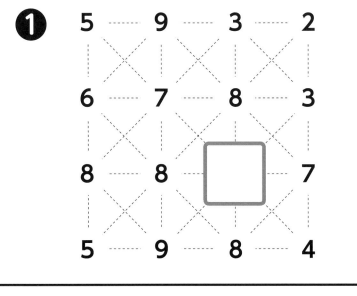

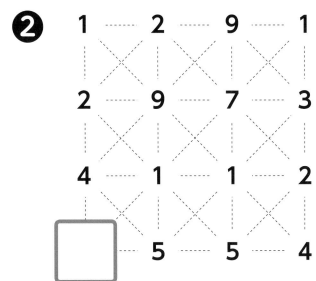

点数	タイム
2点中 ___ 点	分 秒

| ベストタイム | 分 秒 | チャレンジタイム | 分 秒 |

点線でつながれた、たて、よこ、ななめのとなりあった3つの数字を足すと**16**になる組み合わせが2つできるように、□に入る数をさがして書きましょう。

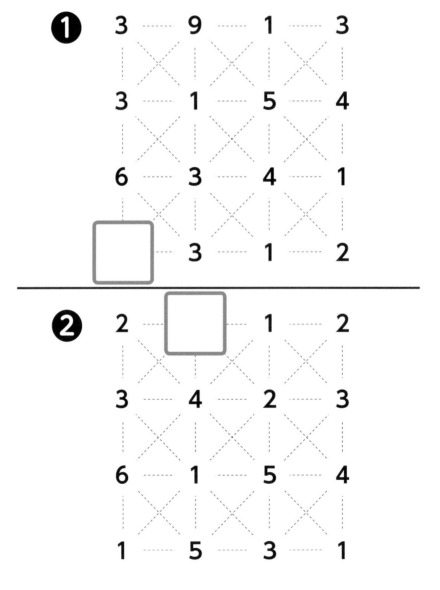

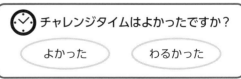

| ベストタイム | 分 秒 | チャレンジタイム | 分 秒 |

点線でつながれた、たて、よこ、ななめのとなりあった3つの数字を足すと**17**になる組み合わせが2つできるように、□に入る数をさがして書きましょう。

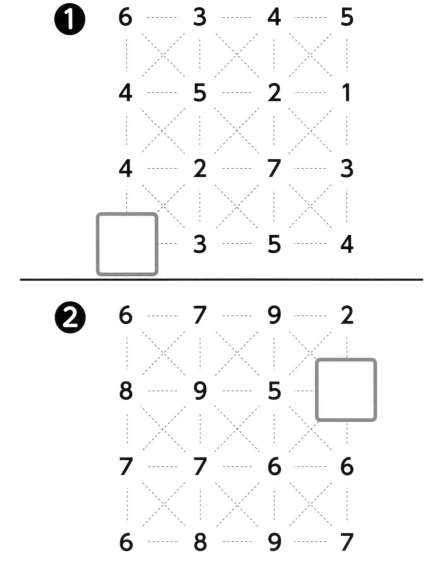

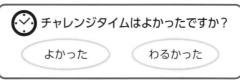

レベル 6

No.51〜60

マス目の数 4×4　　答え　1つ

かくれた数：2つ

計：19題

ワンポイント❻

難しい問題も、これまでのやり方を組み合わせれば解ける！

問題 点線でつながれた、たて、よこ、ななめのとなりあった3つの数字を足すと12になる組み合わせが1つできるように、☐にはいる数をさがして書きましょう。

うわー、難しそう…どうしようかなぁ…

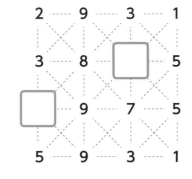

これまでの方法を1つずつ試していこう。
まず、☐を使わないで12になる組み合わせがないかさがそう。これまでと同じようにやればOK！

☐をつかわないで12になる組み合わせはなかったよ。じゃあ☐を使って12になる組み合わせが1つできるように、まずさがしていこう。どうさがしていけばいいの？

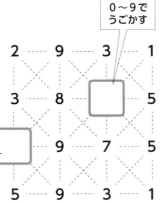

まず、片方の☐に0を入れる。もう一方に☐に0〜9まで順に入れて、12になる組み合わせが1つだけになる数字をさがすよ。見つからなかったら、はじめの0の数字を1に変えてさがそう。

そっか、まず片方を0でもう一方は0〜9、次は片方が1でもう一方は0〜9……と増やして探していくんだね。複雑だけど、やり方を決めればそんなに難しくないかも！

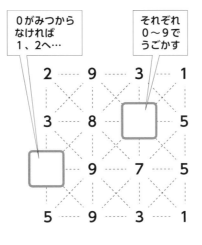

組み合わせは0〜9と0〜9で100通りもある！大変だけど、これまでのヒントが使えるケースもあるから、がんばって！

レベル6　No.51

(　　)年 (　　)組 (　　)番
名前(　　　　　　　　　　)

ベストタイム　　　分　　　秒　　チャレンジタイム　　　分　　　秒

点線でつながれた、たて、よこ、ななめのとなりあった3つの数字を足すと**12**になる組み合わせが1つできるように、□に入る数をさがして書きましょう。

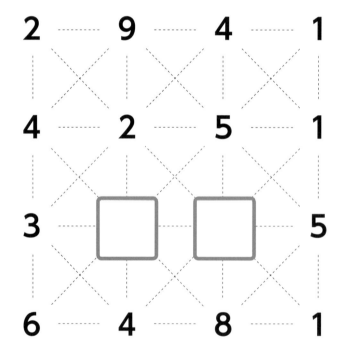

点数　2点中　　　点　　タイム　　　分　　　秒

チャレンジタイムはよかったですか？　よかった　わるかった

点線でつながれた、たて、よこ、ななめのとなりあった3つの数字を足すと**13**になる組み合わせが1つできるように、□に入る数をさがして書きましょう。

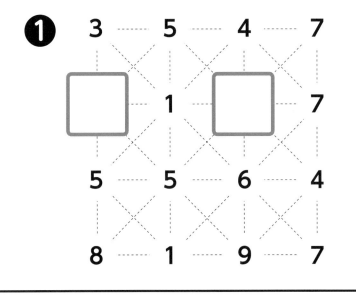

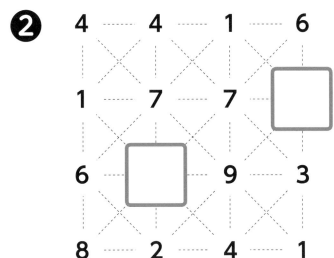

| ベストタイム | 分 秒 | チャレンジタイム | 分 秒 |

点線でつながれた、たて、よこ、ななめのとなりあった3つの数字を足すと**14**になる組み合わせが1つできるように、□に入る数をさがして書きましょう。

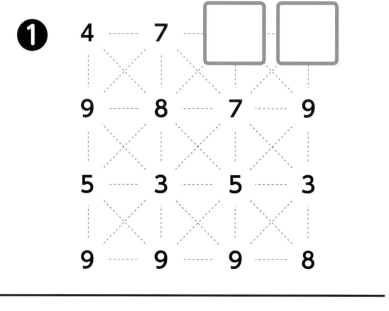

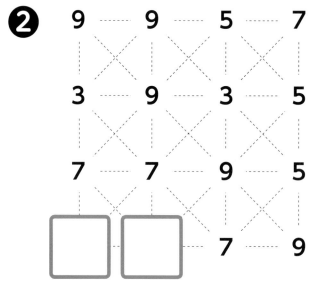

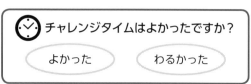

レベル 6 No. 54

( )年 ( )組 ( )番
名前( )
月 日

ベストタイム 分 秒 **チャレンジタイム** 分 秒

点線でつながれた、たて、よこ、ななめのとなりあった3つの数字を足すと**14**になる組み合わせが1つできるように、□に入る数をさがして書きましょう。

❶
```
6 --- 4 --- 2 --- 2
5 --[ ]-[ ]-- 4
7 --- 8 --- 5 --- 4
6 --- 7 --- 3 --- 8
```

❷
```
4 --- 7 --- 4 --- 6
9 --[ ]-- 7 --- 9
4 --- 7 --[ ]-- 9
6 --- 9 --- 9 --- 6
```

点数 2点中 ___ 点 **タイム** 分 秒

チャレンジタイムはよかったですか？ よかった わるかった

| ベストタイム | 分 秒 | チャレンジタイム | 分 秒 |

点線でつながれた、たて、よこ、ななめのとなりあった3つの数字を足すと**15**になる組み合わせが1つできるように、□に入る数をさがして書きましょう。

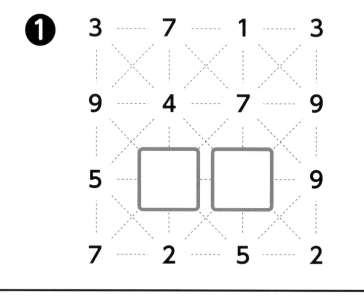

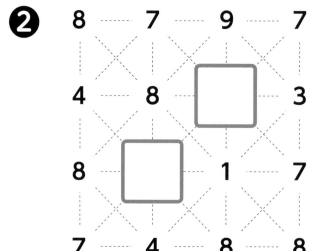

点数	タイム
2点中 ___ 点	分 秒

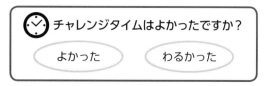

| ベストタイム | 分 秒 | チャレンジタイム | 分 秒 |

点線でつながれた、たて、よこ、ななめのとなりあった3つの数字を足すと**15**になる組み合わせが1つできるように、□に入る数をさがして書きましょう。

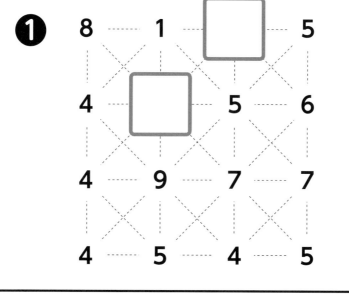

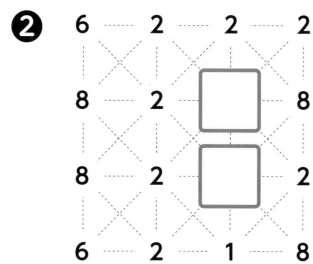

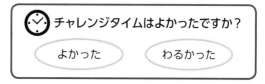

点線でつながれた、たて、よこ、ななめのとなりあった3つの数字を足すと**15**になる組み合わせが1つできるように、□に入る数をさがして書きましょう。

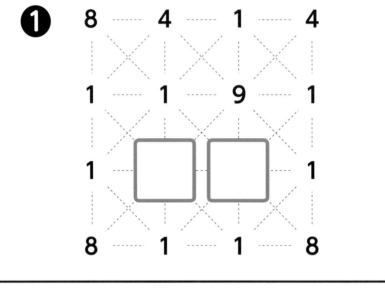

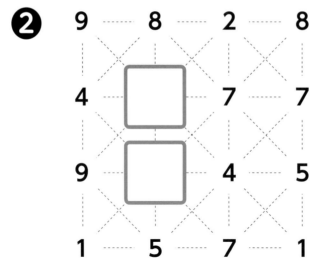

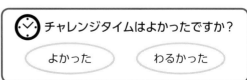

点線でつながれた、たて、よこ、ななめのとなりあった3つの数字を足すと**16**になる組み合わせが1つできるように、☐に入る数をさがして書きましょう。

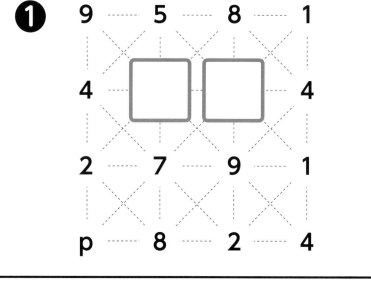

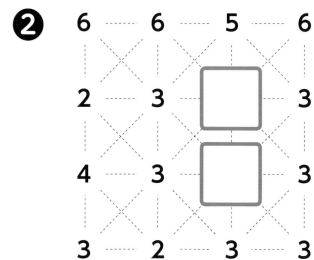

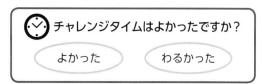

点線でつながれた、たて、よこ、ななめのとなりあった３つの数字を足すと**16**になる組み合わせが１つできるように、□に入る数をさがして書きましょう。

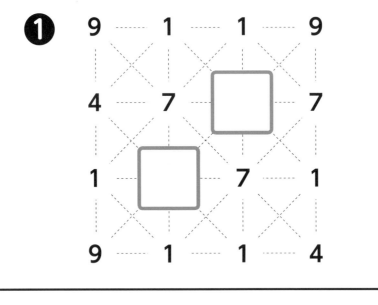

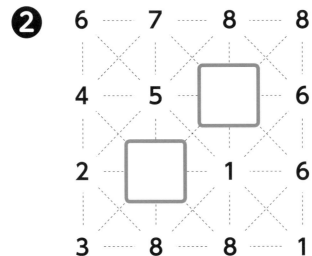

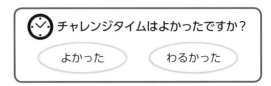

点線でつながれた、たて、よこ、ななめのとなりあった3つの数字を足すと**17**になる組み合わせが1つできるように、□に入る数をさがして書きましょう。

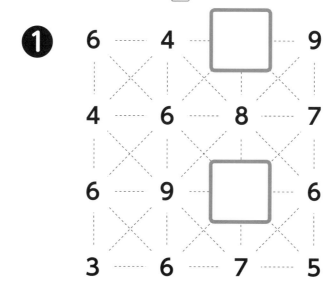

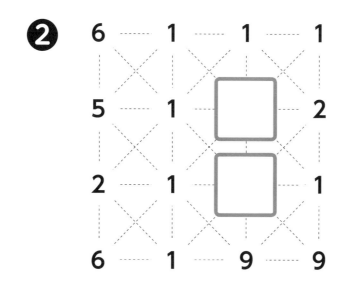

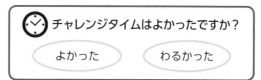

| ベストタイム | 分 秒 | | チャレンジタイム | 分 秒 |

点線でつながれた、たて、よこ、ななめのとなりあった３つの数字を足すと**15**になる組み合わせが２つできるように、□に入る数をさがして書きましょう。

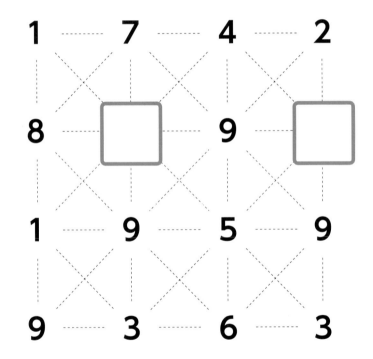

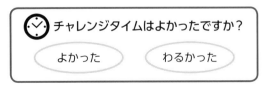

点線でつながれた、たて、よこ、ななめのとなりあった3つの数字を足すと**15**になる組み合わせが2つできるように、□に入る数をさがして書きましょう。

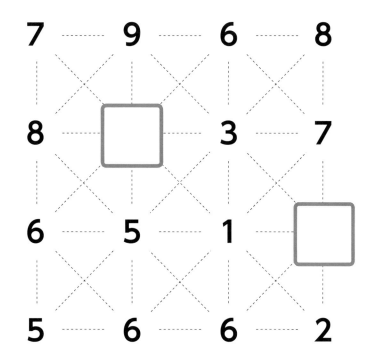

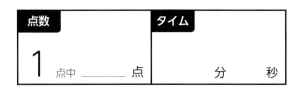

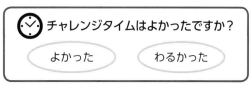

こたえ

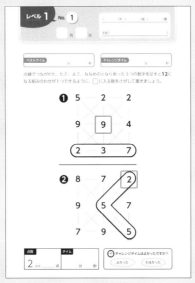

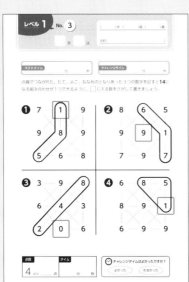
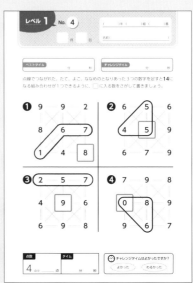

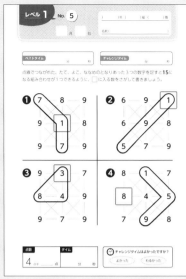
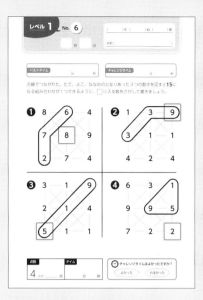
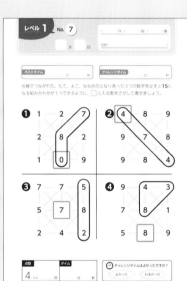
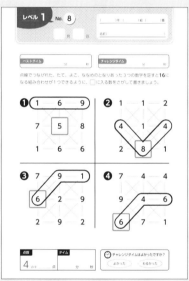
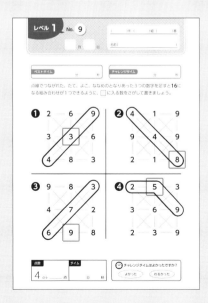
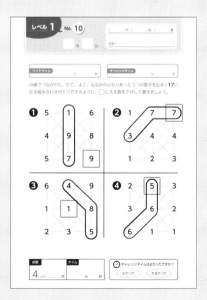

こたえ

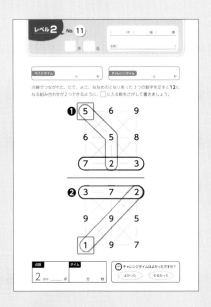
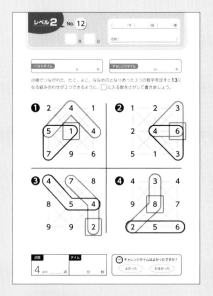
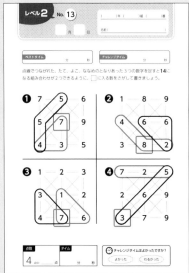
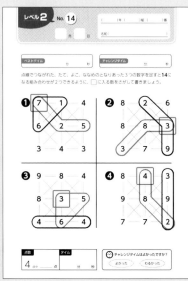

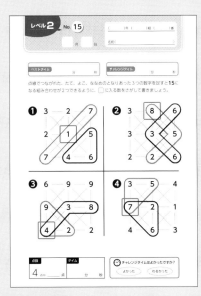
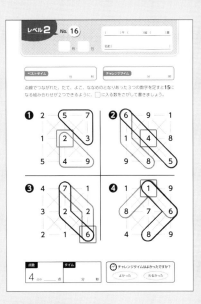
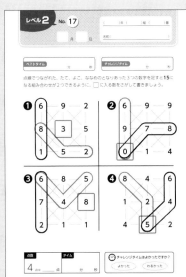
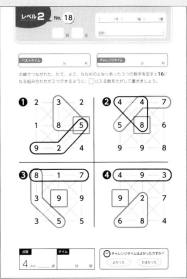
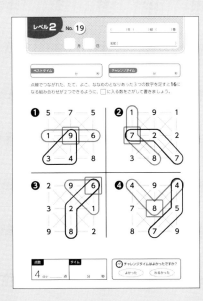

こたえ

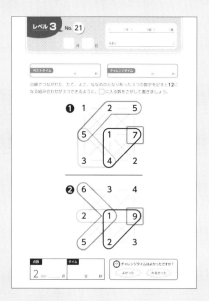
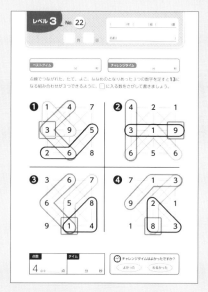
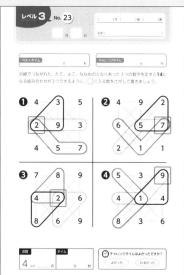
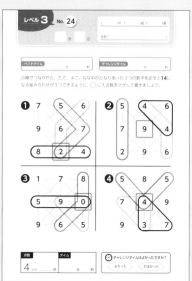

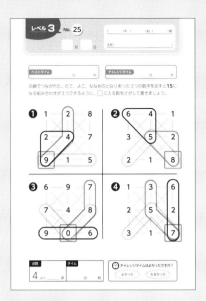
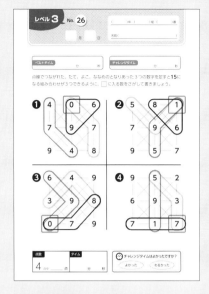
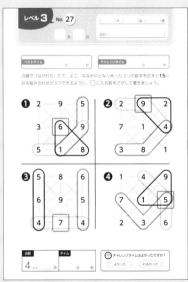
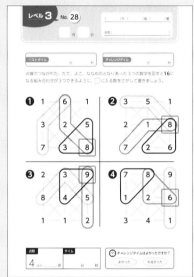
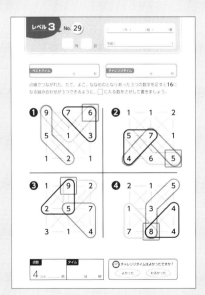
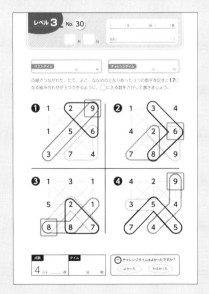

こたえ

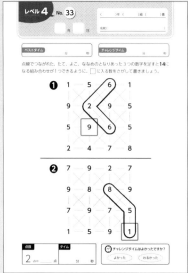
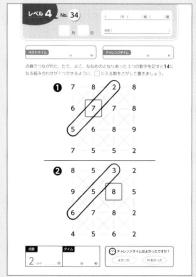

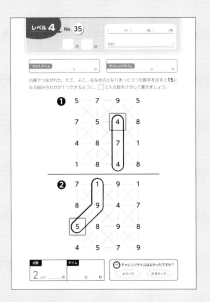
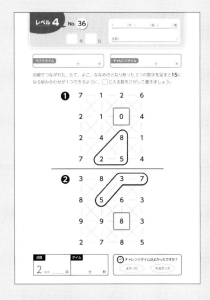
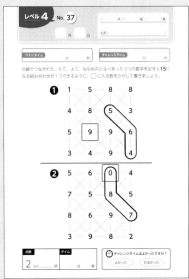
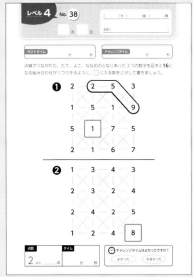
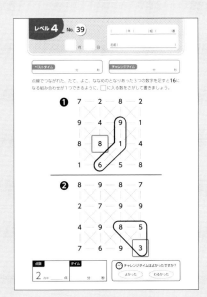
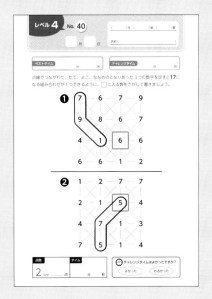

こたえ

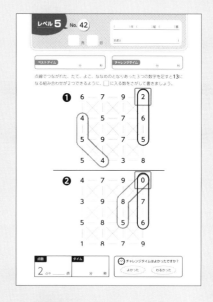

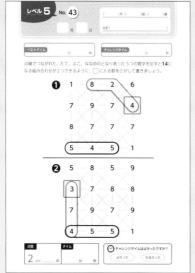

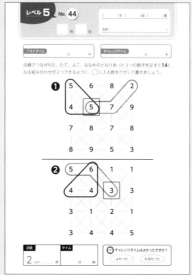

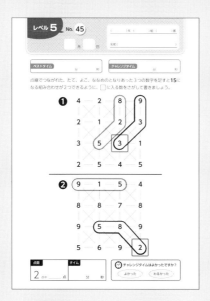
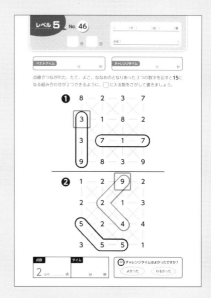
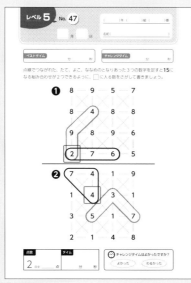
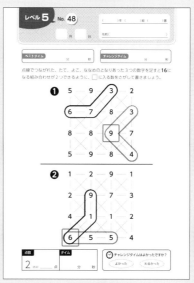
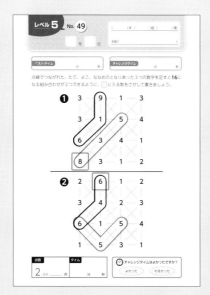
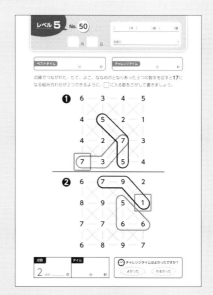

こたえ

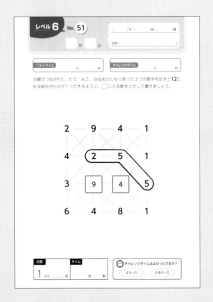
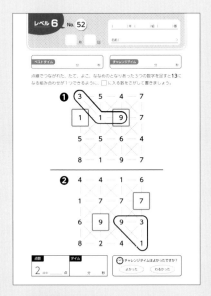
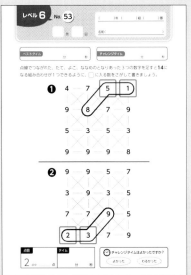
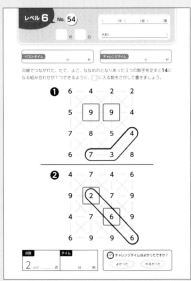

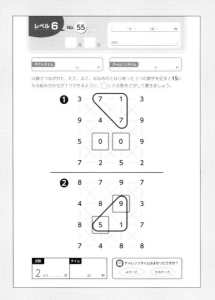
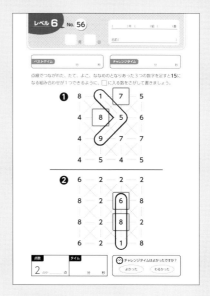
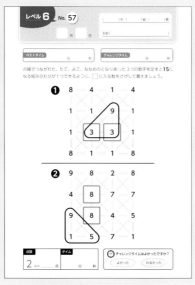
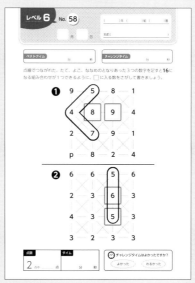

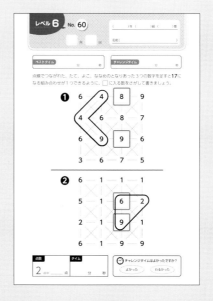

こたえ

チャレンジ問題 A B

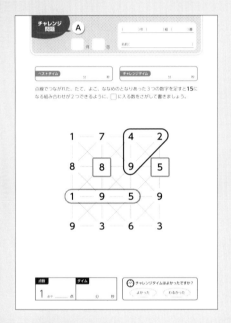

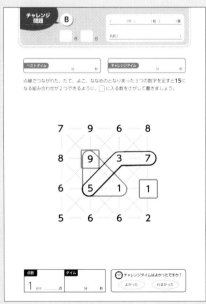

〈著者紹介〉

宮口 幸治（みやぐち・こうじ）

立命館大学産業社会学部・大学院人間科学研究科教授。

京都大学工学部卒業、建設コンサルタント会社勤務の後、神戸大学医学部医学科卒業。神戸大学医学部附属病院精神神経科、大阪府立精神医療センター・松心園などを勤務の後、法務省宮川医療少年院、交野女子学院医務課長を経て、2016年より現職。

医学博士、子どものこころ専門医、臨床心理士。児童精神科医として、困っている子どもたちの支援を教育・医療・心理・福祉の観点で行う「コグトレ研究会」を主催し、全国で教員向けに研修を行っている。

著書に、『教室の「困っている子ども」を支える7つの手がかり』『性の問題行動をもつ子どものためのワークブック』『教室の困っている発達障害をもつ子どもの理解と認知的アプローチ』(以上、明石書店)『不器用な子どもたちへの認知作業トレーニング』『コグトレ みる・きく・想像するための認知機能強化トレーニング』『やさしいコグトレ 認知機能強化トレーニング』(以上、三輪書店)、『子どものやる気をなくす30の過ち』(小学館集英社プロダクション)、『1日5分！教室で使えるコグトレ 困っている子どもを支援する認知トレーニング122』(東洋館出版社) 他多数。

〈執筆協力〉

佐藤 友紀 立命館大学大学院人間科学研究科

計算力がぐっと上がる！ 頭の回転が速くなる！
もっとコグトレ

さがし算60 上級

2018（平成30）年11月23日　初版第1刷発行
2024（令和6）年12月10日　初版第4刷発行

著　者　　宮口幸治
発行者　　錦織 圭之介
発行所　　株式会社 東洋館出版社
〒101-0054　東京都千代田区神田錦町2丁目9番1号
　　　　　　コンフォール安田ビル2階
代　表　電話 03-6778-4343／FAX 03-5281-8091
営業部　電話 03-6778-7278／FAX 03-5281-8092
振替　00180-7-96823
URL　https://www.toyokan.co.jp
デザイン　　荒木優花（明昌堂）
印刷・製本　藤原印刷株式会社

ISBN 978-4-491-03620-5
Printed in Japan

Searching Calculation 60

計算力がぐっと上がる！頭の回転が速くなる！

もっとコグトレ さがし算60

児童精神科医・医学博士 宮口幸治

コグトレ発 学習プログラム

計算力 & 学習の土台となる力 を高める！

楽しく取り組んで認知的能力を高める！

【初級】
B5判 96頁
本体価格 1,400円+税

【中級】
B5判 100頁
本体価格 1,500円+税

【上級】
B5判 100頁
本体価格 1,500円+税

⏱1日5分！ 教室で使えるコグトレ

困っている子どもを支援する 認知トレーニング122

児童精神科医・医学博士 宮口幸治 著　B5判　200頁　本体価格 2,200円+税

　学習への取り組み、感情のコントロール、人との接し方……発達障害に限らず、学校で困っている子どもは学習・生活面で共通した課題を持っています。

　そういった子どもたちの課題に、認知面で背景から支援するのが**コグトレ**です。本書では、クラスでコグトレを実施するための**全122ワーク・全158回分**を収録し、一年をかけて子どもを支援していくことができるようになっています。

　困っている子だけでなく、クラス全体でどの子も互いに楽しみながら認知能力を育み、子どもたちの困りを解消していくことができます。もちろん、個別に支援が必要な子どもに特化した使い方も紹介しています。